太空之旅丛书

宇航员

[美]玛丽·伊丽莎白·扎尔茨曼（Mary Elizabeth Salzmann）　著

窦立明　邓荣标　译

SPM
南方出版传媒

全国优秀出版社
全国百佳图书出版单位

广东教育出版社

·广州·

本系列书经由美国Abdo Publishing Group授权广东教育出版社有限公司仅在中国内地出版发行。

广东省版权局著作权合同登记号

图字：19-2017-087号

图书在版编目（CIP）数据

宇航员 /（美）玛丽·伊丽莎白·扎尔茨曼（Mary Elizabeth Salzmann）著；窦立明，邓荣标译. —广州：广东教育出版社，2019.6
（太空之旅丛书）

书名原文：Astronauts

ISBN 978-7-5548-2206-7

Ⅰ. ①宇…　Ⅱ. ①玛…　②窦…　③邓…　Ⅲ. ①航天员—少儿读物　Ⅳ. ①V527-49

中国版本图书馆CIP数据核字（2018）第048209号

责任编辑：林玉洁　杨利强　罗　华
责任技编：涂晓东
装帧设计：邓君豪

宇航员

YUHANG YUAN

广东教育出版社出版发行

（广州市环市东路472号12-15楼）

邮政编码：510075

网址：http://www.gjs.cn

广东新华发行集团股份有限公司经销

恒美印务（广州）有限公司印刷

（广州市南沙经济技术开发区环市大道南路334号）

890毫米×1240毫米　24开本　1印张　20 000字

2019年6月第1版　2019年6月第1次印刷

ISBN 978-7-5548-2206-7

定价：29.80元

质量监督电话：020-87613102　邮箱：gjs-quality@nfcb.com.cn

购书咨询电话：020-87615809

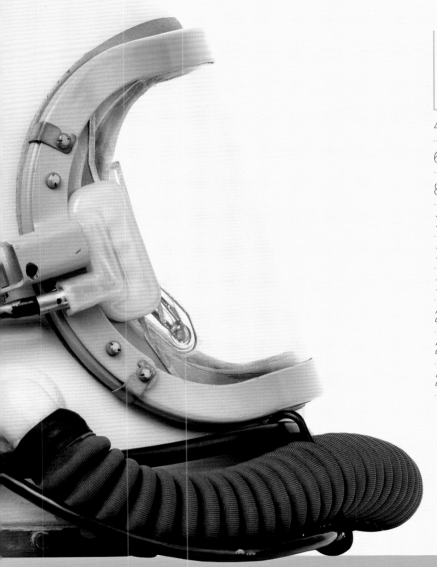

目 录

宇 航 员

宇航员，是经过专业训练进入太空的人。第一批宇航员进入太空是1961年。太空之旅是一项任务或者说是一次探险。

宇航员的工作

飞行任务专家负责很多任务。他们除了要维护和保障宇宙飞船内的各种管道系统和空调系统，准备宇航员的饮食外，还要承担太空行走的任务。

指令长就是宇宙飞船的队长。指令长对宇宙飞船内发生的所有事情都了如指掌。

飞行工程师类似于任务专家，他们还可以帮助和保障宇宙飞船飞行。

载荷专家不是专职的宇航员。他们的主要任务不是驾驶宇宙飞船，而是在飞船内进行各种科学实验和探测，并负责搜集和处理数据。

驾驶员负责掌控和驾驶宇宙飞船。

成为一名宇航员

飞行

宇航员必须学会驾驶喷气式飞机。为了保持状态，他们还要坚持不断练习。指令长和驾驶员驾驶喷气式飞机的时间要达到每月15小时以上。非驾驶宇航员的驾驶时间要达到每月4个小时以上。

教育

宇航员们先要在大学里学习相关的科学和数学课程，之后还要有至少三年的实际工作经验。

体质要求

宇航员必须通过健康和体质测试。

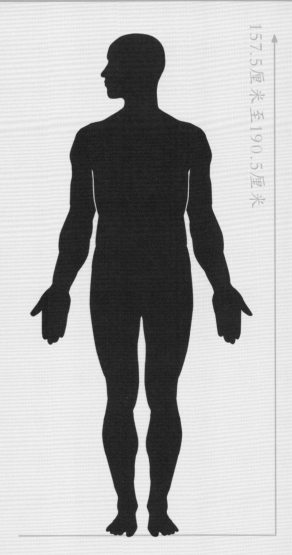

157.5厘米至190.5厘米

宇航员必须懂水性，会戴水肺潜水。

宇航员有极高的视力要求。

宇航员的身高必须在157.5厘米至190.5厘米之间。

太空中的生活

身处太空会有一种奇妙的感觉。太空中没有重力，这就意味着身边的东西都是悬浮的。宇航员处在太空中也是悬浮的。

在国际空间站，水是循环利用的。人体呼吸和出汗产生的水汽进入空气后，经过收集与过滤，可供宇航员洗漱或饮用。

太空中的饮食

太空中的饮食对于宇航员来说是非常重要的。他们在地球上吃什么，在太空中就吃什么。他们吃水果和蔬菜，吃肉和面包，喝水、果汁、茶和咖啡。

在太空中，有些食物吃起来很轻松，一些食物吃起来很困难。比如，宇航员能轻而易举地握住一个苹果并把它吃掉。

但是有些食物吃起来就比较困难，如意大利面。太空中的意大利面会从盘子里溜出去。所以意大利面要用特殊的包装袋包装起来。

饮品都是放置在包装袋里。宇航员可用吸管吸取饮品。

太空中睡觉

像我们一样，宇航员也需要睡觉。

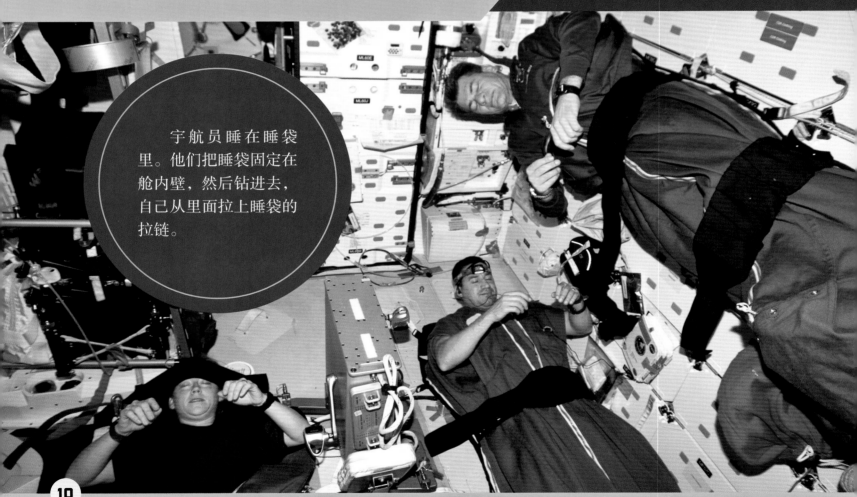

宇航员睡在睡袋里。他们把睡袋固定在舱内壁，然后钻进去，自己从里面拉上睡袋的拉链。

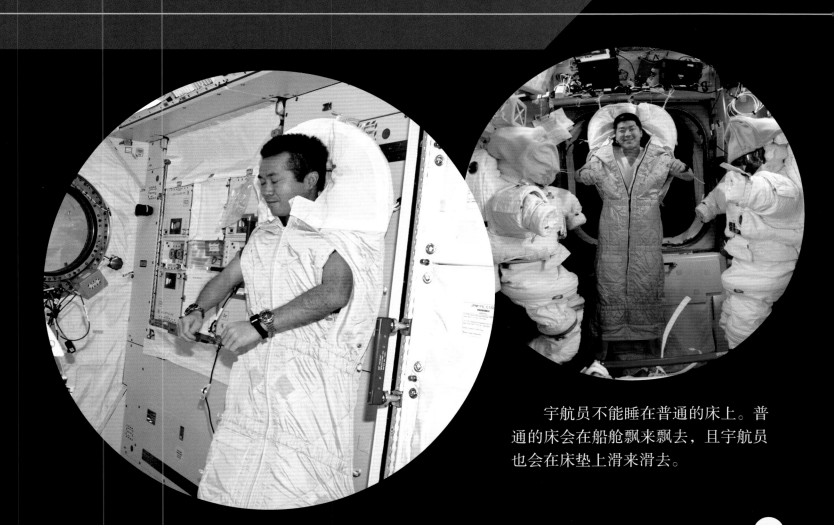

宇航员不能睡在普通的床上。普通的床会在船舱飘来飘去，且宇航员也会在床垫上滑来滑去。

宇航员的娱乐

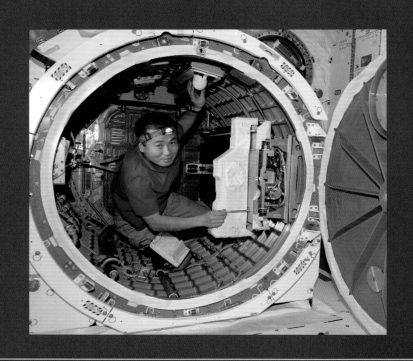

宇航员不用时时刻刻都工作。他们闲暇时可以进行娱乐，放松自己。在太空中，宇航员能看书、看电影、玩游戏，还能和地球上的朋友聊天。

宇航员也喜欢眺望舱外。他们能看到地球以及其他行星，能看到恒星和小天体。在太空中，有许多奇特的景象等待着人们去发现。

在太空中保持强壮

在太空中，宇航员的肌肉会变弱。他们需要进行大量的锻炼，保持肌肉发达。

宇航员在太空中也有健身器械，如跑步机、运动单车。宇航员每天利用这些器材至少锻炼2个小时。

太空行走

有时候，宇航员会走出飞船，在太空中行走。

太空行走也称"出舱活动"。

尼尔·阿姆斯特朗

执行舱外维护任务。
宇航员出舱把新设备安装好。

宇航员在探索。
他们在月球上行走。

宇航服

宇航服里充满了氧气。没有氧气，宇航员就无法在太空中呼吸，因为太空中没有氧气。

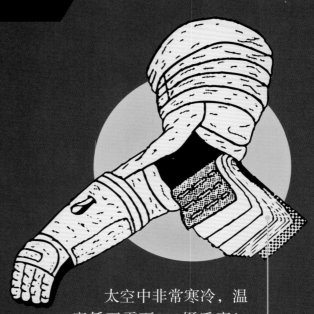

太空中非常寒冷，温度低至零下270摄氏度！宇航服共有14层，以此来帮助宇航员御寒。

宇航服是由什么部件组成的？

头盔

显示控制模块

手套

下躯组装

航天靴

指示灯及摄像机

上身玻璃纤维硬壳

温度控制装置

氧气控制装置

液体冷却和通风管

航 空 灾 难

"挑战者号"航天飞机

　　第一起航空灾难发生在"挑战者号"航天飞机上。1986年1月28日，这艘航天飞机一发射后就爆炸了。7名宇航员全部遇难。

宇航员的工作很危险。自开展航天任务以来，全球共有18名宇航员遇难。最严重的两起都是发生在航天飞机自身爆炸时。

"哥伦比亚号"航天飞机

第二起空难发生在"哥伦比亚号"航天飞机上。2003年2月1日，"哥伦比亚号"在完成航天任务返回地球时爆炸了。"哥伦比亚号"上有7名宇航员，他们全部遇难。

著名的宇航员

尤里·加加林

尤里·加加林是第一个进入太空的人。他是俄罗斯人。1961年4月12日，他乘坐"东方1号"载人飞船进入太空。

艾伦·谢泼德

艾伦·谢泼德是第一位进入太空的美国人。他乘坐的飞船叫"自由7号"。他于1961年5月5日进入太空。后来他又加入"阿波罗14号"任务，并于1971年登上了月球。

瓦莲京娜·弗拉基米罗夫娜·捷列什科娃

瓦莲京娜·弗拉基米罗夫娜·捷列什科娃是第一位进入太空的女性。她是俄罗斯人,于1963年6月16日进入太空。

莎莉·莱德

莎莉·莱德是第一位进入太空的美国女性。她于1983年乘坐飞船进入太空。

尼尔·阿姆斯特朗

尼尔·阿姆斯特朗是第一个登上月球的人。他于1969年7月20日，乘坐"阿波罗11号"宇宙飞船登上月球。

巴兹·奥尔德林

巴兹·奥尔德林是"阿波罗11号"宇宙飞船上的另一位宇航员，他也登上了月球。

你想成为一名宇航员吗

成为一名宇航员要下一番功夫。但它是你能拥有的最激动人心的工作之一。

宇航员知识小测试

1. 太空之旅是什么?

2. 为什么太空中的东西是悬浮的?

3. 宇航员在太空中从来没有时间休息, 对吗?

想一想:

你最想去太空中的哪个地方? 为什么?

答案: 1. 一次去太空的旅行。 2. 因为太空没有重力。 3. 错误。

宇航员：驾驶宇宙飞行器在地球大气层外飞行、管理和维修飞行器，并从事飞行中科研、军事和生产活动的人员。宇航员要求身体素质好、有驾驶战斗机经验和较高的科学文化水平。

  太空：又名"空间""外层空间""宇宙空间"。地球大气圈以外的宇宙空间，包括行星空间、行星际空间、恒星空间、恒星际空间、星系空间和星系际空间等。

  "阿波罗"计划：美国"阿波罗"载人登月飞行计划，包括：（1）制订登月方案；（2）拟定登月准备的4项辅助计划；（3）研制"土星号"运载火箭；（4）研制"阿波罗号"宇宙飞船；（5）进行试验飞行；（6）实现载人登月。该计划1961年开始实施，1972年底结束，共发射17艘飞船，后7艘为载人登月飞船，其中6艘成功。宇航员在月面上步行或乘坐月球车，对月球进行十多项科学实验和地质探测，在月面上设置核动力科学实验站、月震仪和激光反射器，带回月球岩石与土壤样品、实验记录磁带和照相底片等。